Impressum:

Copyright © 2016 GRIN Verlag, Open Publishing GmbH
Druck und Bindung: Books on Demand GmbH, Norderstedt Germany
ISBN: 9783668369061

Dieses Buch bei GRIN:

http://www.grin.com/de/e-book/344613/stahlproduktion-in-witten-vergleich-zum-
uebrigen-ruhrgebiet-unter-besonderer

Fabian Schröter

Stahlproduktion in Witten. Vergleich zum übrigen Ruhrgebiet unter besonderer Berücksichtigung der Standortfaktoren sowie der sozioökonomischen Auswirkungen

GRIN Verlag

Stahlproduktion in Witten

im Vergleich zum übrigen Ruhrgebiet unter besonderer Berücksichtigung der Standortfaktoren sowie der sozioökonomischen Auswirkungen

Fabian Schröter, Q1
Ruhr-Gymnasium Witten
Schuljahr 2015/2016

Inhaltsverzeichnis

Einleitung

„Thyssen-Krupp warnt vor Aus für Stahlstandort Duisburg"[1], „Stahl-Präsident rechnet mit Stilllegung von Hochöfen"[2], „Strukturkrise plagt Stahlbranche"[3]- in letzter Zeit kann man derartige Schlagzeilen wieder häufiger in den Medien finden. Das zeigt, dass die deutsche bzw. europäische Stahlbranche in der Krise steckt. Besonders für das Ruhrgebiet mit Europas größtem Stahlstandort Duisburg[4] machen diese Meldungen wenig Hoffnung. Als Grund für die prekäre Lage der Unternehmen werden zum einen Überkapazitäten auf dem Weltmarkt genannt. Zum anderen sind Umweltschutzrichtlinien der EU eine Gefährdung für die Stahlwerke, denn im Vergleich zu Konkurrenten aus Schwellenländern (vor allem China) entsteht eine zusätzliche Belastung, die die Stahlproduktion in Europa unwirtschaftlich machen könnte. Zudem wird die chinesische Industrie vom Staat gestützt. Es findet in der Gegenwart also kein ausgeglichener Wettbewerb statt.

In der folgenden Arbeit geht es um die Vergangenheit der Stahlbranche im Ruhrgebiet, der Fokus soll hierbei auf der Stadt Witten liegen. In Witten gibt es noch zwei Stahlwerke, die Friedr. Lohmann GmbH und die Deutsche Edelstahlwerke GmbH (ab hier: DEW). Aufgrund der Größenverhältnisse (Produktion der DEW[5] über 30 Mal größer als die von Lohmann[6]) beschränkt sich die Arbeit nur auf die DEW. Die Entwicklung in Witten soll mit der Entwicklung im übrigen Ruhrgebiet verglichen werden, und Erklärungen für die ggf. unterschiedlichen Entwicklungen sollen gefunden werden. Auch die sozio-ökonomischen Auswirkungen auf die Räume Witten bzw. das gesamte Ruhrgebiet werden in der Analyse berücksichtigt.

---

[1] Vgl. www.derwesten.de/politik/thyssen-krupp-warnt-vor-aus-fuer-stahlstandort-duisburg-id11347674.html

[2] Vgl. www.derwesten.de/wirtschaft/stahl-praesident-rechnet-mit-stilllegung-von-hochoefen-id10402940.html

[3] Vgl. www.dvz.de/rubriken/logistik-verlader/single-view/nachricht/strukturkrise-plagt-stahlbranche.html

[4] Vgl. www.stahl-online.de/index.php/duisburg-weiterhin-groesster-eu-stahlstandort/

[5] Vgl. 150 Jahre Stahl aus Witten, S.248

[6] Vgl. www.derwesten.de/staedte/witten/lohmann-erweitert-stahlwerk-id2002802.html

Entwicklung im Ruhrgebiet

Aufgrund seiner Kohlevorkommen entwickelte sich das Ruhrgebiet in der zweiten Hälfte des 19. Jahrhunderts zum bedeutendsten deutschen Industriegebiet, dessen auf die Montanindustrie ausgerichtete Wirtschaft stark monostrukturiert war. In den beiden Weltkriegen spielte die Ruhrindustrie für die Aufrüstung eine große Rolle.

Daher wurde die deutsche Montanindustrie nach dem zweiten Weltkrieg 1951 von den alliierten Besatzungsmächten neu geordnet, es wurden auch Demontagen der Industrieanlagen in Erwägung gezogen.[7] Aufgrund des Kohle- und Stahlbedarfs für den Wiederaufbau Europas entschied man sich allerdings für die Erneuerung der alten Monostruktur. Im Ruhrgebiet und in Westdeutschland begann eine ca. 20 Jahre anhaltende Wachstumsphase („Wirtschaftswunderzeit").[8]

In der Eisen- und Stahlindustrie hielt diese Wachstumsphase bis zum Jahr 1974 an, in dem die Stahlkonjunktur ihren Höhepunkt erreichte[9]. 1975 erfolgte ein starker Einbruch, der den Auftakt zu einer bis in die Gegenwart andauernden Krise bildete[10]. Gründe für den Konjunktureinbruch waren die Beendung des Wachstumszyklus des Wiederaufbaus, die verschärfte internationale Konkurrenz auf dem Stahlmarkt (kontinental und global), der Ersatz von Stahl durch andere Materialien (z.B. Kunststoffe) sowie ein sinkender spezifischer Stahlverbrauch[11]. Viele Stahlunternehmen erkannten die Langfristigkeit dieser Trends nicht, und erhöhten ihre Kapazitäten sogar bis 1979 weiter. Danach kam es europaweit zu einem starken Abbau von Überkapazitäten.[12]

Bereits vor dem Konjunktureinbruch gab es Rationalisierungsmaßnahmen. Im Jahr 1969 vereinbarten die Konzerne Mannesmann und Thyssen eine Arbeitsteilung. Mannesmann konzentrierte sich auf das Röhren-Geschäft, Thyssen auf Walzstahl. So sollte Konkurrenz verkleinert und durch Spezialisierung eine größere Wirtschaftlichkeit angestrebt werden. Auch die ersten Standortverlagerungen fanden statt. Im Jahr 1968 legte Krupp seine Hochöfen in Bochum still (Elektrostahlwerk blieb erhalten), und verlagerte die Stahlproduktion komplett zum Standort Duisburg-Rheinhausen.[13] Im Zuge dessen sagte Krupp-Chef Vogelsang: „Duisburg ist von Rotterdam 3,50 Mark je Tonne ent-

---

[7] Vgl. Gussstahlwerk Witten A.G. S.42.
[8] Vgl. Eine Region im Kampf mit dem Strukturwandel S.128f.
[9] Vgl. Das Ruhrgebiet im Umbruch S.17.
[10] Vgl. Eine Region im Kampf mit dem Strukturwandel S.164.
[11] Stahleinsatz pro Produktionseinheit.
[12] Vgl. Das Ruhrgebiet im Umbruch S.17.
[13] Vgl. Spiegel-Artikel „Nasse Hütten"

fernt." Dies zeigt, dass die deutschen Stahlkonzerne die Vorteile von sog. nassen Standorten (an schiffbaren Gewässern) erkannt hatten, denn die Anlieferung von Erz und Kohle für die Hochöfen ist per Schiff am günstigsten. Das Zitat zeigt auch, dass Duisburg gegenüber anderen Standorten (wie Rotterdam) benachteiligt ist, im Vergleich zum übrigen Ruhrgebiet aber sehr gut dasteht. Immer noch vor der Krise, kam es 1972 in Hagen zur ersten deutschen Stahlwerksschließung der Nachkriegszeit. Nach Ausbruch der Krise schritten Stilllegungen und die Konzentration auf den nassen Standort Duisburg (Rhein), bis Ende der 1990er auch noch auf Dortmund, verstärkt voran.

1974 waren noch 20 selbstständige Hüttenwerke aktiv.[14] Thyssen legte 1979 seine Hochöfen in Oberhausen still, ein zur Kompensation 1980 errichtetes Elektrostahlwerk musste bereits 1997 wieder schließen, weil es auf Massenstahl ausgelegt war.[15] 1985 schlossen mit dem Bochumer Verein[16] und dem Meidericher Hüttenwerk[17] zwei große Standorte. Im Jahr 1987 schloss die Henrichshütte Hattingen ihren letzten Hochofen[18]. 1993 legten die Konzerne Krupp und Mannesmann ihre beiden Duisburger Standorte Huckingen und Rheinhausen unter dem Namen HKM in Huckingen zusammen, um eine volle Auslastung und das Überleben eines der Werke zu ermöglichen.[19] In Rheinhausen gab es massive (erfolglose) Proteste gegen die Schließung, die als „Arbeitskampf" in die Geschichte eingingen. Ein weiterer Grund für die Schließung war die Krupp'sche Übernahme der Mehrheit an der Dortmunder Hoesch AG. Rheinhausen wäre langfristig rentabler gewesen (nasser Standort), doch die Dortmunder Hütten boten kurzfristige Einsparungseffekte, die aufgrund hoher Verluste des Konzerns den Ausschlag gaben[20]. Bereits seit den 1980ern geplant, wurde 1999 die Fusion von Thyssen und Krupp vollendet[21]. In diesem Rahmen wurden die Dortmunder Hüttenwerke bis 2001 geschlossen[22], nur noch Duisburg blieb als großer Stahlstandort erhalten. Nach dem Verkauf der Nirosta-Sparte von thyssenkrupp an den finnischen Konkurrenten Ou-

---

[14] Vgl. Das Ruhrgebiet im Umbruch S.166
[15] Vgl. www.industriedenkmal.de/huttenwerke/huttenwerke-im-ruhrgebiet/ (Oberhausen)
[16] Vgl. www.jahrhunderthalle-bochum.de/de/besucher/historie/infotafeln-westpark/der-bochumer-verein-fuer-bergbau-und-gussstahlfabrikationjahrhunderthalle
[17] Vgl. www.route-industriekultur.ruhr/ankerpunkte/landschaftspark-duisburg-nord.html
[18] Vgl. www.route-industriekultur.ruhr/ankerpunkte/henrichshuette/henrichshuette-seite-4.html
[19] Vgl. Der Mannesmann Konzern. Ein historischer Abriss, S.
[20] Vgl. www.zeit.de/1993/11/der-tiefe-schnitt
[21] Vgl. www1.wdr.de/stichtag/stichtag2698.html
[22] Vgl. www.industriedenkmal.de/huttenwerke/huttenwerke-im-ruhrgebiet/ (Hoesch, Hörde)

tokumpu wurde im Jahr 2013 die Stahlproduktion in Krefeld beendet[23], 2015 folgte die Schließung des Bochumer Elektrostahlwerks.[24]

Heutzutage gibt es nur noch ein selbstständiges Hüttenwerk im Ruhrgebiet (HKM in Duisburg). Neben Duisburg ist Witten der einzige bedeutende Stahlstandort im Ruhrgebiet. In Duisburg kochten 2015 neben HKM noch thyssenkrupp und Arcelor-Mittal Stahl (zusammengerechnet über 15 Mio. t). Auf die DEW-Werke Witten und Siegen verteilten sich 0,9 Mio. t Stahl. Da Siegen einen etwas größeren Stahlofen hat, kann man von einer Jahresproduktion von ca. 0,4 Mio. t in Witten ausgehen, die Kapazität liegt bei 0,5 Mio. t[25].

Unternehmen	Rohstahlerzeugung 2015 in Mio.t
(1) ArcelorMittal Hamburg	1,0
(2) ArcelorMittal Bremen	3,3
(3) Benteler	0,5
(4) Georgsmarienhütte Holding	1,2
(5) Salzgitter	5,3
(6) Brandenburger Elektrostahlw.	1,4
(7) Hennigsdorfer Elektrostahlw.	0,8
(8) ArcelorMittal Eisenhüttenstadt	2,3
(9) thyssenkrupp Steel Europe	9,3
(10) HKM	4,6
(11) ArcelorMittal Ruhrort	1,2
(12) Deutsche Edelstahlwerke	0,9
(13) Buderus Edelstahl	0,3
(14) Stahlwerk Thüringen	0,8
(15) ESF Elbe-Stahlwerke Feralpi	0,9
(16) BGH Edelstahl	0,2
(17) Dillinger Hüttenwerke	2,4
(18) Saarstahl	2,8
(19) Badische Stahlwerke	2,2
(20) Lech-Stahlwerke	1,1

Abbildung 1

---

[23] Vgl. www.rp-online.de/nrw/staedte/krefeld/ein-historischer-tag-der-letzte-abstich-im-krefelder-stahlwerk-aid-1.3870916
[24] Vgl. www.outokumpu.com/de/medien/press-release/Seiten/Outokumpu-665931.aspx
[25] Vgl. www.route-industriekultur.ruhr/themenrouten/12-geschichte-und-gegenwart-der-ruhr/edelstahlwerk-witten.html

Tab. 12: Rohstahlproduktion (Anteile der Kammerbezirke an der Gesamtsumme
der aufgeführten Kammern in Nordrhein-Westfalen in % ab 1971 NRW)

Jahr	1953	1960	1971	1975	1980
Krefeld					1,3
Düsseldorf		1,0	1,1	0,3	
Duisburg	40,5	46,6	57,0	61,0	64,0
Essen	13,1	11,7	3,6	2,7	1,5
Münster	1,4	1,3			0,07
Bochum	11,8	12,7	8,3	9,5	3,0
Hagen	7,5	5,4	3,0	0,3	6,0
Siegen			2,2	2,0	2,6
Dortmund	25,7	22,5	22,0	19,5	19,0

Tab. 13: Roheisenproduktion (Anteile der Kammerbezirke an der Gesamtsumme
der aufgeführten Kammern in Nordrhein-Westfalen in % (ab 1971 NRW)

Jahr	1953	1960	1971	1975	1980
Duisburg	47,7	52,1	63,0		76,0
Essen	14,0	11,7	6,0	75,0	
Münster	2,8	2,0	4,0		
Bochum	6,6	8,5	3,0	6,0	6,0
Siegen			1,0	0,7	
Hagen	5,8	4,3	3,0		
Dortmund	23,1	21,4	20,0	18,0	18,0

Quelle: JABLONSKI 1974 und Statistische Jahrbücher der Nord-
rhein-Westfälischen Industrie- und Handelskammern
(eigene Berechnungen)

Abbildung 2

Neben der Stilllegung von Standorten war auch die Steigerung der Produktivität ein Mittel zur Rationalisierung. Die steigende Produktivität erkennt man an der Loslösung der Produktionsmenge von der Anzahl der Beschäftigten. Immer weniger Arbeiter wurden für die Produktion einer gleich großen Einheit Stahl benötigt. Von 1980 bis 1999 verringerte sich die Anzahl der Beschäftigten um 71%, die Rohstahlerzeugung sank kaum (nur ca. 10%).

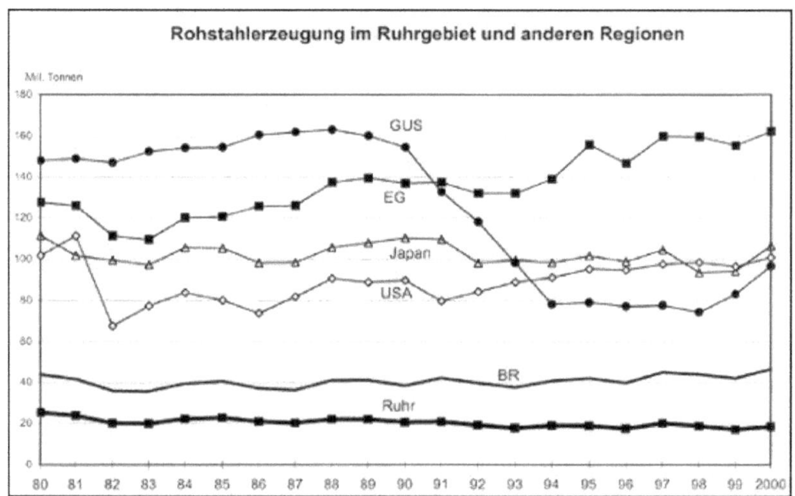

Abbildung 3

Abbildung 4

Auswirkungen im Ruhrgebiet

Aufgrund der Steigerung der Produktivität einerseits und der Verringerung von Standorten und Kapazitäten andererseits erfolgte ein massiver Arbeitsplatzabbau, von ca. 334.000 Beschäftigten im Jahr 1957 auf ca. 54.000 Beschäftigte im Jahr 1999 in der Stahlindustrie (siehe oben, Abbildung 2).

Obwohl meist auf möglichst sozialverträgliche Lösungen hingearbeitet wurde, waren mit dem Beschäftigtenabbau des montanen Produktionsclusters steigende Arbeitslosenzahlen, Sozialausgaben und ein Kaufkraftverlust in der Bevölkerung, der weitere Arbeitsplätze vernichtete, verbunden. Auch Arbeitsplätze im weiterverarbeitenden Gewerbe gingen verloren. In der Wirtschaft erfolgte als Kompensation eine Tertiärisierung, aber Arbeitslosigkeit und Armut sind im Ruhrgebiet immer noch überdurchschnittlich ausgeprägt. Außerdem brachen den Revierstädten wichtige Gewerbesteuerzahler weg, und riesige Industriebrachen in teils besten Lagen mussten unter hohem Kapitalaufwand entwickelt werden (heutiges CentrO Oberhausen, Phönix Ost und West in Dortmund) oder liegen noch brach (Westfalenhütte Dortmund). Daher ist der Einbruch der Stahlindustrie einer der Gründe für die hohe Verschuldung vieler Kommunen im Ruhrgebiet.

Entwicklung in Witten (Deutsche Edelstahlwerke)

Im Jahre 1854 gründete Carl Ludwig Berger in Witten eine Gussstahl Fabrik (Berger & Comp.)[26]. Während der Neuordnung der Stahlindustrie nach dem zweiten Weltkrieg wurde das Wittener Werk als rechtlich selbstständiges Unternehmen erhalten und konnte eine Demontage verhindern.[27]

Schon lange bevor die Stahlindustrie in die Krise geriet, Anfang der 1950er Jahre, beschloss das Werk (damals noch Gussstahlwerk Witten AG) eine Abkehr vom Massenstahl. Stattdessen plante man, auf hochwertige Qualitäts- und Edelstähle zu setzen[28]. Dies wurde sicherlich auch durch die geographischen Gegebenheiten beeinflusst, denn flächenmäßig war man den großen Hüttenwerken der Region klar unterlegen, welche dadurch viel effektiver Massenstahl produzieren konnten. Daher wurde 1965 der Name in Edelstahlwerk Witten AG (ab hier: ESW) geändert.[29]

---

[26] Vgl. Gussstahlwerk Witten A.G., S.13
[27] Vgl. Gussstahlwerk Witten A.G., S.42
[28] Vgl. Gussstahlwerk Witten A.G., S.27
[29] Vgl. 150 Jahre Stahl aus Witten, S.333

Im Jahr 1975 schlossen sich die Deutsche Edelstahlwerke AG aus Krefeld und die ESW im Thyssen-Konzern zur Thyssen Edelstahlwerke AG zusammen. Dieser Zusammenschluss sollte bis 2004 andauern. Die Aktionäre versprachen sich durch die Zusammenarbeit der beiden renommierten Unternehmen eine bessere Wirtschaftlichkeit und Marktposition.[30] 1994 wurden die Werke Witten und Krefeld vereinigt (zur Edelstahl Witten-Krefeld GmbH), 2005 erfolgte die Übernahme durch den Konzern Schmolz-Bickenbach, der die Gesellschaft mit der Edelstahlwerke Südwestfalen GmbH zur Deutsche Edelstahlwerke GmbH (ab hier: DEW) vereinigte.

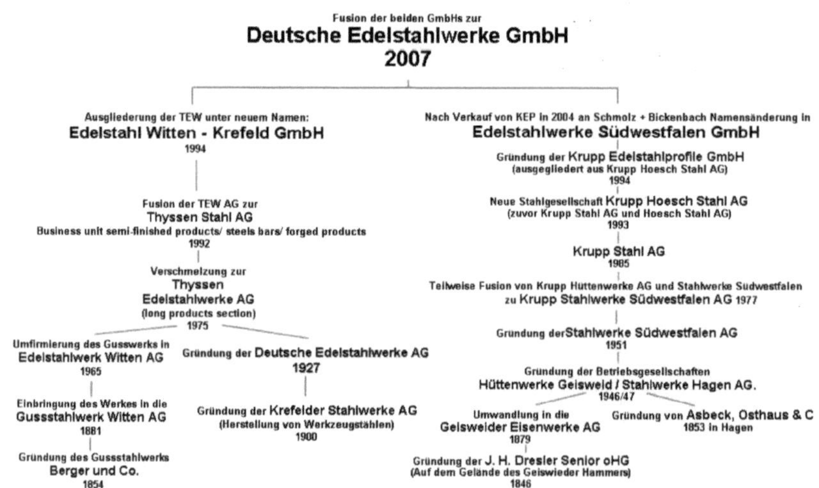

Abbildung 5

---

[30] Vgl. 150 Jahre Stahl aus Witten, S.171

Abbildung 6

Das Werksgelände befindet sich im Südwesten der Innenstadt. Im Norden liegen eine kommunale Straße sowie bebautes Gebiet (Wohnen und Gewerbe). Im Nordosten wird das Werk von einer mehrgleisigen Eisenbahntrasse, an welche es angeschlossen ist, begrenzt. Im Osten liegt die Landesstraße 525. Im Süden begrenzt die Bundesstraße 226 das Gelände, zudem bildet der Fluss Ruhr mit seinen Auen eine natürliche Barriere. Im Westen des Werkes verläuft ebenfalls die B 226, außerdem gibt es Wohnbebauung entlang dieser Straße.

Das Werk wurde 1854 im Norden des heutigen Geländes gegründet.[31] Mit der Zeit expandierte das Werk flächenmäßig, zum einen entlang der Bahnlinie in Richtung Südosten, zum anderen in Richtung Südwesten (damals Felder). Im Jahr 1926 war ca. die Hälfte des verfügbaren Geländes bebaut.[32] Im Jahr 1954 waren es 58%.[33] In den 1950ern wurde ein Generalbebauungsplan aufgestellt, der das Werk grundlegend modernisieren sollte.[34] Nach dessen Umsetzung in den 1960ern erreichte das Gelände seine

---

[31] Vgl. Gussstahlwerk Witten A.G., S.14
[32] www.luftbilder.geoportal.ruhr (Luftbilder 1926)
[33] Vgl. Gussstahlwerk Witten A.G., S.56
[34] Vgl. Gussstahlwerk Witten A.G., S.43

heutige Größe, und es gab keine großen baulichen Veränderungen mehr (siehe Luftbilder):

[Das Luftbild wurde aus urheberrechtlichen Gründen für die Veröffentlichung entfernt. Die Aufnahme ist unter https://www.luftbilder.geoportal.ruhr/ im Maßstab 1:5000 unter den Koordinaten x:383557.35 y:5699476.97 abrufbar]

[Das Luftbild wurde aus urheberrechtlichen Gründen für die Veröffentlichung entfernt. Die Aufnahme ist unter https://www.luftbilder.geoportal.ruhr/ im Maßstab 1:5000 unter den Koordinaten x:383557.35 y:5699476.97 abrufbar]

[Das Luftbild wurde aus urheberrechtlichen Gründen für die Veröffentlichung entfernt. Die Aufnahme ist unter https://www.luftbilder.geoportal.ruhr/ im Maßstab 1:5000 unter den Koordinaten x:383557.35 y:5699476.97 abrufbar]

Seit Umsetzung des Bebauungsplans Ende der 1950er bzw. Anfang der 1960er Jahre ist das Werksgelände nahezu komplett bebaut. Es gibt auch keine großen, direkt an das Werksgelände anschließenden Freiflächen mehr. In den Ruhr-Auen ist eine Industriebebauung aufgrund des Natur- und Hochwasserschutzes undenkbar. An der Westspitze des Areals gibt es noch eine ca. 1 ha große Brache, die früher Gewerbefläche war und dem DEW-Gelände zugeschlagen werden könnte. Zudem könnten die Parkplatzflächen im Nordwesten bebaut werden. Allerdings werden auch Parkplätze für die ca. 1.690 Mitarbeiter[35] benötigt, sodass Ersatzlösungen (z.B. Neubau mehrstöckiger Parkhäuser) gefunden werden müssten. Erweiterungen in andere Richtungen sind ausgeschlossen, da die Gebiete bereits bebaut sind. Eine Erweiterung des Werksgeländes ist aufgrund seiner Lage innerhalb der Stadt Witten also nur noch in geringem Maße möglich (max. 2,5 ha)[36].

Diese Flächenbeschränkung resultierte 1964 darin, dass die Stahlwerk Mark Wengern AG aus der Nachbarstadt Wetter aufgekauft wurde. Die ESW verlagerte ihren gesamten Blankstahlbetrieb von Witten ca. 5,5 km die Ruhr hinauf nach Wetter. Da es entlang der Ruhr eine direkte Schienenverbindung zwischen den Werken gibt, kann man die Über-

---

[35] Vgl. WAZ-Artikel Sekundärmetallurgie
[36] www.luftbilder.geoportal.ruhr (Luftbilder 2011-2015)

nahme auch als Vergrößerung des Wittener Standortes betrachten. Mittlerweile sind die Werke aber wieder getrennt worden, das Wengeraner Werk arbeitet unabhängig.[37]

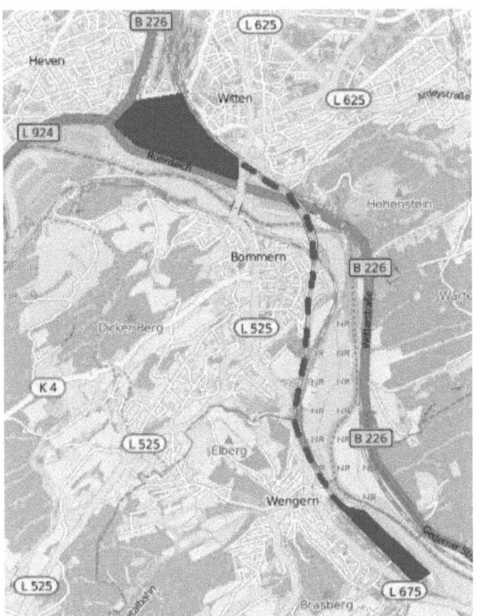

Abbildung 10

Verkehrsanbindung

Wie oben bereits beschrieben, liegt das Stahlwerk nahe der Ruhr. In den Anfangsjahren der Fabrik besaß die Ruhr noch Bedeutung als Verkehrsweg, vor allem für Kohletransporte. 1860 erreichte die transportierte Masse ihren Höhepunkt[38]. Mit dem Ausbau der Eisenbahn wurde die Schifffahrt aber immer unbedeutender.

Der Ausbau des Eisenbahnnetzes begann in Witten in den 1840ern, in den Folgejahren wurde das Streckennetz verdichtet. Damit wurde der Industrie Wachstum ermöglicht. Als Großkunde wurde das Werk auch direkt an das Netz angeschlossen[39], und ein Netz von Werksbahnen wurde errichtet. Heute ist der Schienenverkehr besonders für die Rohstoffanlieferung von Bedeutung.

---

[37] Vgl. www.ezm-mark.de
[38] Vgl. www.lwl.org/LWL/Kultur/Aufbruch/themen_start/oekonomie/tech_neu/dampfkraft/transport/
mobil_dampf/dampfschiff/frueher/index2_html
[39] Vgl. Witten - Werden und Weg einer Stadt S.161-167

Die Bundesautobahn 44 liegt im Norden des Werkes, die Bundesautobahn 43 im Westen. Beide sind recht schnell erreichbar (jeweils ca. 5 km zur Anschlussstelle). Die Autobahnen sind vor allem für einen möglichst schnellen und flexiblen Heißtransport der in Witten produzierten Stahlblöcke zur Weiterverarbeitung in die Schmiede der DEW nach Krefeld (kürzeste Route: ca. 77 km)[40] erforderlich. Die Produkte werden in speziellen LKW transportiert, um ein Abkühlen der Blöcke (mindestens 720°C heiß)[41] zu minimieren und somit Qualitäts- und Kostenverluste zu verringern.

Abbildung 11

Der Flughafen Dortmund befindet sich ca. 22 km vom Werk entfernt, der Flughafen Düsseldorf ca. 43 km (beides Luftlinie). Der Luftverkehr ist für Stahlunternehmen allerdings kein wichtiger harter Standortfaktor, die einzige Bedeutung liegt in der Erreichbarkeit der DEW-Zentrale Witten für internationale Geschäftspartner. Diese ist nicht optimal, allerdings verfügt der Mutterkonzern Schmolz-Bickenbach über Büros in Düsseldorf, sodass auch internationale Meetings abgehalten werden können, ohne internationale Geschäftspartner unnötig zu belasten.

Produktionsverfahren

Um den Fortbestand des Wittener Stahlwerks verstehen zu können, muss man sich das Produktionsverfahren genauer anschauen. Die Stahlproduktion umfasst grundsätzlich

---

[40] Vgl. www.osm.de
[41] Vgl. Vom Eierkarton zum Logistikpatent. Deutsche Edelstahlwerke und Rheinkraft beschreiten beim Transport neue Wege

die Bereiche Primär- und Sekundärmetallurgie. Unter Primärmetallurgie versteht man die Rohstahlerzeugung, diese wird heutzutage fast ausschließlich über die Hochofen-Konverter- und Blasstahlroute (Linz-Donawitz) oder die Elektrolichtbogenroute (Elektrostahl) durchgeführt.[42]

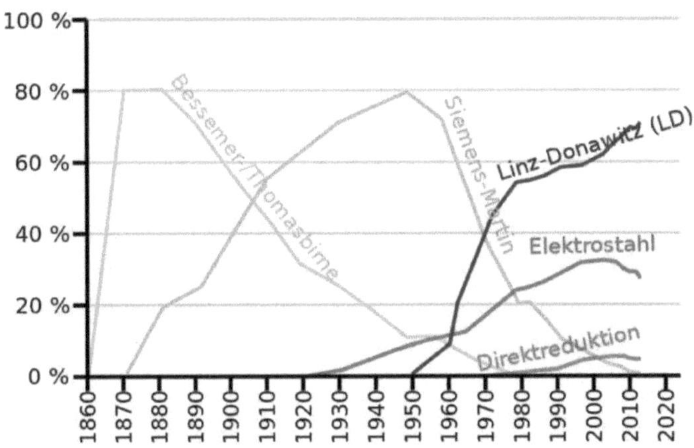

Abbildung 12

Unter Sekundärmetallurgie versteht man die Nachbehandlung des noch flüssigen Stahls. In sekundärmetallurgischen Anlagen werden chemische Zusammensetzungen und Gießtemperaturen präzise gesteuert, z.B. durch Zugabe bestimmter Legierungsmittel (wie Chrom, Vanadium, etc.), Entschwefelung, Senkung des Stickstoffanteils, etc. So werden den Stahlsorten spezifische Eigenschaften verliehen (z.B. Korrosionsbeständigkeit). [43] Je weiter die Sekundärmetallurgie eines Standortes/ Unternehmens entwickelt ist, desto hochwertiger und spezialisierter können die produzierten Stähle sein.

Im Wittener Werk wird Rohstahl über die Elektrolichtbogenroute produziert. Hierbei wird Stahlschrott in einem Gefäß gesammelt. Zwischen zwei Graphitelektroden am Gefäßdeckel wird eine hohe Spannung angelegt, und es entsteht ein Lichtbogen zwischen diesen. Aufgrund der hohen Temperaturen (mehrere Tausend Grad Celsius) schmilzt der Schrott und kann zu neuen Stahlprodukten verarbeitet werden.

1937 nahm das Wittener Werk seine ersten Elektrostahlöfen in Betrieb, eine Erweiterung erfolgte in den 1950ern. 1981 wurde ein 110 t-Elektrolichtbogenofen in Betrieb

---

[42] Vgl.www.iehk.rwth-aachen.de/index.php?id=33
[43] Vgl.www.iehk.rwth-aachen.de/index.php?id=33

genommen, alle anderen Öfen (Siemens-Martin, Elektrostahl) wurden geschlossen.[44] Der Ofen, über den das Werk seinen gesamten Stahl produziert, wurde mittlerweile auf 130 t erweitert.[45]

Die Wittener Sekundärmetallurgie ist hochmodern. Im Sommer 2014 wurde eine neue Anlage eingeweiht, in die ca. 50 Mio. Euro investiert wurden. So kann der Rohstahl aus dem Elektroofen noch präziser, energieeffektiver und umweltschonender veredelt werden. Die neue Anlage hat laut eines WAZ-Artikels (Sekundärmetallurgie, siehe Literaturverzeichnis) das Potential, den Standort Witten auf Jahre zu sichern.[46]

Strom

Für das Aufrechterhalten der Elektrodenspannung im Lichtbogenofen wird elektrische Energie benötigt. Im Jahr 2014 hatte das Wittener Stahlwerk einen Strombedarf von ca. 1.000 Mio. kWh, dies entspricht dem Strombedarf von 300.000 Privathaushalten.[47] Da das Werk seinen Strom nicht selber erzeugt, ist es vom Marktpreis des Stroms abhängig. Der Strompreis beeinflusst den Produktpreis sowohl im Vergleich zu Stahlprodukten, die über die Hochofen-Konverter-Route hergestellt wurden, als auch im Vergleich zu Produkten ausländischer Elektrostahlwerke. Elektrostahlwerke stehen aber meist nicht in Konkurrenz zu Hochofenanlagen, da eine unterschiedliche Produktpalette angeboten wird (die meisten Elektrostahlwerke sind spezialisierter und produzieren hochwertigere Stähle). Muss die DEW im Vergleich zu ausländischen Konkurrenten höhere Energiepreise zahlen, kann sich das gefährdend auf den Standort Deutschland im allgemeinen auswirken, denn aufgrund der großen Konkurrenz müssen Steigerungen der Produktionskosten auf Dauer an die Kunden weitergegeben werden.

---

[44] Vgl. 150 Jahre Stahl aus Witten, S.187
[45] Vgl. 150 Jahre Stahl aus Witten, S.248
[46] Vgl. WAZ-Artikel Sekundärmetallurgie
[47] Vgl. WAZ-Artikel EEG-Umlage

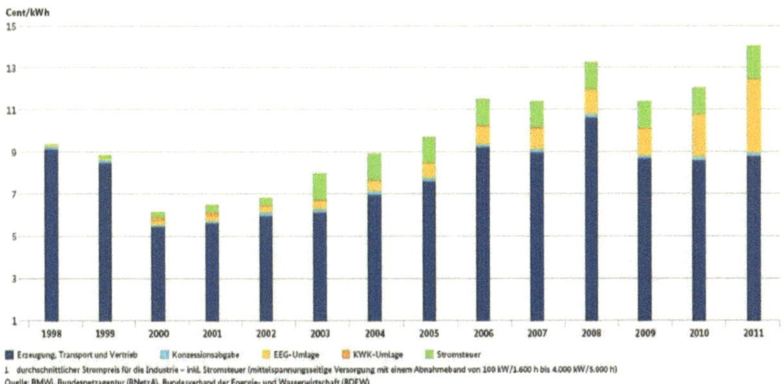

Abbildung 13

Seit dem zwischenzeitlichen Tiefpunkt, der im Jahr 2000 mit ca. 6 ct/kWh erreicht wurde, stieg der Industriestrompreis bis 2011 auf ca. 14 ct/kWh, Betriebe wie die DEW werden von manchen Umlagen (z.B. EEG) befreit. Weitere Preissteigerungen können sich, wie bereits erwähnt, bei energieintensiven Betrieben gefährdend auf die Existenz bzw. den Standort Deutschland auswirken.[48] Allerdings bewirkt eine Abkopplung der Industrie von Preissteigerungen auf dem Strommarkt letztendlich eine Subventionierung der Industrie durch private Haushalte und andere Unternehmen, da diese dann höhere Umlagen zahlen müssen.

Rohstoffe

Neben der Energie sind die Verfügbarkeit und der Preis von Rohstoffen (Stahlschrott, Legierungsmittel) ein wichtiger Standortfaktor. Schrott fällt vor allem in Industrieregionen an, aufgrund der benötigten Mengen ist nur die Anlieferung über Schiene und Wasser wirtschaftlich sinnvoll. Das Wittener Werk bezieht seinen Schrott über die Eisenbahnlinie, an der es liegt, wie man anhand von Luftbildern erkennen kann[49].

Der Schrottpreis sank in Deutschland zuletzt. Das macht die Erzeugung von Elektrostahl wirtschaftlicher, allerdings muss der Großteil der Einsparungseffekte aufgrund der

---

[48] Vgl. WAZ-Artikel EEG-Umlage
[49] Vgl. www.luftbilder.geoportal.ruhr (Luftbilder 2011-2015)

starken Konkurrenz auf dem Markt an die Kunden weitergegeben werden. Dennoch kann dadurch die Position gegenüber ausländischen Konkurrenten gestärkt werden.

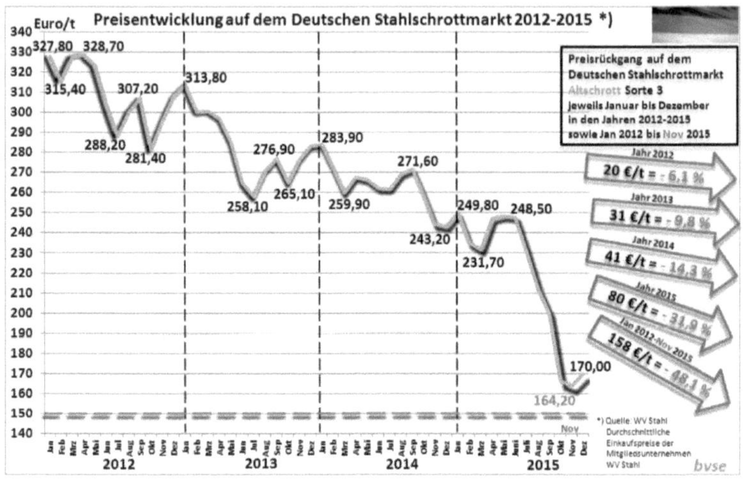

Abbildung 14

Arbeitnehmer

Auch die Arbeitnehmer sind ein bedeutender Faktor. Aufgrund der fortschreitenden Automatisierung und des technischen Fortschritts werden immer weniger Arbeitskräfte benötigt, wobei die Reduzierung der Arbeiter vor allem im Bereich der gering qualifizierten Beschäftigten stattfindet. Qualifizierte Mitarbeiter, die in der Lage sind, mit den komplexen Anlagen umzugehen, werden noch immer benötigt. Auch Ingenieure, die z.B. Anlagen konstruieren oder neue Stahlsorten entwickeln, können nicht ersetzt werden. Aufgrund des starken Stellenabbaus in der Branche gibt es im Ruhrgebiet viele geeignete Bewerber für offene Stellen in Stahlunternehmen. Zudem hat die DEW GmbH mit der Gründung der Tochtergesellschaft Deutsche Edelstahlwerke Karrierewerkstatt GmbH in die Sicherung von hochwertigen Ausbildungsplätzen investiert. Die Karrierewerkstatt ist mehr als eine unternehmensinterne Ausbildungswerkstatt. Es handelt sich um einen Dienstleister, der im Verbund mit über 70 Unternehmen der Region ausbildet.[50]

---

[50] Vgl. www.dew-karrierewerkstatt.com

Heute besteht die Produktpalette der DEW aus folgenden Stählen[51]:

- Edelbaustähle

  Diese werden für den modernen Maschinen- sowie Getriebebau benötigt. Hierbei sind vor allem die mikrolegierten[52] Stähle wichtig, da sie besonders angepasste Eigenschaften aufweisen.

- Werkzeugstähle

  Diese werden in der kunststoff- sowie metallverarbeitenden Industrie und auch in der Verpackungsindustrie eingesetzt.

- RSH-Stähle (rost-, säure-, hitzebeständig)

  Diese werden in der Chemie-, Lebensmittel- sowie Automobilindustrie, dem Maschinenbau, der Energie-, Medizin- sowie Verkehrstechnik, für Luft- und Raumfahrt und im Bergbau benötigt.

Die Ingenieure aus Witten leisteten immer wieder gute Entwicklungsarbeit und entwickelten in den letzten Jahrzehnten neue Verfahren (neuartige Entkohlung, Senkrechtstranggießtechnik) und Stahlsorten[53]. Sie konstruierten auch den ersten Hochleistungselektrolichtbogenofen mit Bodenabstich und wassergekühlten Wänden (vorher mussten die Öfen zur Entleerung gekippt werden).

---

[51] Vgl. DEW-Broschüre „Leistungsprogramm" S.2
[52] Stähle mit sehr gering konzentrierten, fein aufeinander abgestimmten Legierungsmitteln
[53] Vgl. DEW-Broschüre „Leistungsprogramm" S.3

Auswirkungen in Witten

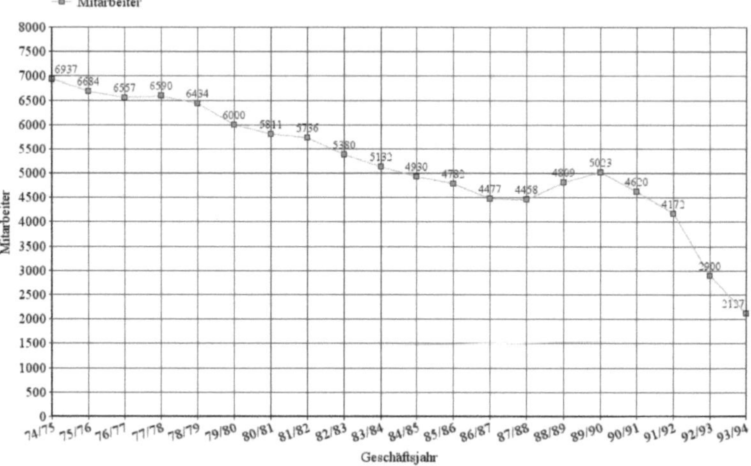

Abbildung 15

Die Mitarbeiterzahl war von 1974/75 bis 1993/94 beinahe konstant rückläufig, was zu
steigenden Arbeitslosenzahlen führte. Zur Kompensation stellte die Stadt Witten mehr
Menschen ein, was den kommunalen Haushalt unnötig belastete. Von 1993/94 bis 2014
gab es einen weiteren Rückgang auf ca. 1.690 Mitarbeiter[54], 2014 waren also nur noch
24,3% des Standes von 1974/75 beschäftigt. Trotz des massiven Beschäftigungsrück-
gangs ist die Deutsche Edelstahlwerke GmbH noch immer größter Arbeitgeber der
Stadt[55].

Zusammenfassender Vergleich

Sowohl in Witten als auch im gesamten Ruhrgebiet gab es seit erstmaligem Ausbruch
der Stahlkrise 1975 Rationalisierungsmaßnahmen. Das Wittener Werk wurde in immer
größer werdende Konzerne eingebunden, was den Umstrukturierungen im übrigen
Ruhrgebiet entspricht. Auch ein starker Beschäftigtenabbau war in Witten wie im übrigen Ruhrgebiet zu beobachten. Das Wittener Elektrostahlwerk ist über die Jahre allerdings erhalten geblieben, während viele Hüttenwerke des übrigen Ruhrgebiets schlossen. Daher wurde Witten auch von den Folgen nicht so schwer getroffen wie andere
Städte (Dortmund etc.).

---

[54] Vgl. WAZ-Artikel Sekundärmetallurgie
[55] Vgl. WAZ-Artikel EEG-Umlage

Abschließend kann man sagen, dass die Gründe für den Fortbestand des Wittener Stahlwerkes vielfältig sind. Zum einen ist die Produktpalette, die seit den 1950ern zunehmend auf hochwertige Edelstähle verlagert wurde, zu nennen. Der Großteil der stillgelegten Werke im Ruhrgebiet produzierte über die Hochofen-Konverter-Route, und das Sortiment bestand im Allgemeinen aus einfacheren Stählen. Allerdings gab es in Oberhausen, Krefeld und Bochum auch Schließungen von Elektrostahlwerken. Die Schließung des Oberhausener Werkes lässt sich dadurch erklären, dass auf Massenstahl gesetzt wurde. Die Schließung der Nirosta-Werke Bochum und Krefeld erfolgte nach dem Verkauf von thyssenkrupp an den Konkurrenten Outokumpu. Auch das Wittener Werk wechselte in seiner Geschichte häufiger den Besitzer. Dass es nicht zu einer Schließung kam, ist auch durch den Faktor Glück begründet, denn der Standort Witten weist keine besonderen Vorteile (verkehrstechnische Gunstlage, niedriger Gewerbesteuerhebesatz, etc.) auf, die ihn von Krefeld oder Bochum unterscheiden. Der Fortbestand ist auf - im Rückblick richtige - unternehmensinterne Entscheidungen bezüglich der Konzernstrategie, Produktpalette etc. zurückzuführen.

Doch auch in Witten ist die Situation keineswegs entspannt. Derzeit (Mai 2016) gibt es in einigen Werksteilen Kurzarbeit. Allerdings ist Witten durch seine Spezialisierung auf hochwertige Stahlsorten besser aufgestellt als beispielsweise Duisburg, wo die großen Hüttenwerke viel Massenstahl produzieren. Das Ministahlwerk in Witten ist von den Überkapazitäten nicht so sehr betroffen, da es über ein anderes Angebot verfügt. In Zukunft könnten aber Firmen aus der Massenstahl- auf die Edelstahlproduktion umschwenken, und die Marktlage verschlechtern. Vor dem Hintergrund aktuell existierender Überkapazitäten wird es, wie in der Einleitung erwähnt, wahrscheinlich zu Werksschließungen in Europa kommen. Da in Duisburg gleich drei große Stahlwerke liegen, ist es gut möglich, dass die Stadt davon betroffen sein wird.

Auch die Unternehmenszusammenführungen in der Stahlindustrie könnten sich unter dem Druck der verschärften Krise fortsetzen. In den Medien kursierten bereits Gerüchte über eine Fusion der Stahlsparten von thyssenkrupp und der Salzgitter AG zu einer „Deutschen Stahl AG", das Wirtschaftsministerium steht dem eher kritisch gegenüber.

Abbildungsverzeichnis

Literaturverzeichnis

Autorenkürzel „aug" (2007), Lohmann erweitert Stahlwerk, In: WAZ, 07.08.2007

Bertram, Walter (1954), Gussstahlwerk Witten A.G., Bochum

Bleidick, Dr. Dietmar, Der Bochumer Verein für Bergbau und Gussstahlfabrikation [online], 12.05.16, http://www.jahrhunderthalle-bochum.de/de/besucher/historie/infotafeln-westpark/der-bochumer-verein-fuer-bergbau-und-gussstahlfabrikation

Goch, Stefan (2002), Eine Region im Kampf mit dem Strukturwandel, Bewältigung von Strukturwandel und Strukturpolitik im Ruhrgebiet, Essen, Klartext Verlag

Granzow, Axel (2016), Strukturkrise plagt Stahlbranche [online], 12.05.16, www.dvz.de/rubriken/logistik-verlader/single-view/nachricht/strukturkrise-plagt-stahlbranche.html

Heidecke, Gerd (2014), Deutsche Edelstahlwerke sichern Standort auf Jahre, In: WAZ, 23.06.2014

Heidecke, Gerd (2014), Wittens größter Arbeitgeber bleibt von EEG-Umlage befreit, In: WAZ, 09.04.2014

Meinke, Ulf (2015), Thyssen-Krupp warnt vor Aus für den Stahlstandort Duisburg, In: WAZ, 04.12.2015

Kemmer, Heinz-Günter (1993), Der tiefe Schnitt, In: Zeit, 12.03.1993

Meinke, Ulf (2015), Stahl-Präsident rechnet mit Stilllegung von Hochöfen, In: WAZ, 28.02.2015

Schoppmeyer, Heinrich (2012), Witten, Geschichte von Dorf, Stadt und Vororten, Dortmund, Scholz-Druck und Medienservice

Slanina, Norbert (2004), 150 Jahre Stahl aus Witten, 1854 - 2004, die Unternehmensgeschichte des Werkes Witten der Edelstahl Witten-Krefeld GmbH, Witten [u.a.]

Van Zoest, Sven (2015), Im Outokumpu Stahlwerk Bochum endet die Produktion [online], 12.05.2016, http://www.outokumpu.com/de/medien/press-release/Seiten/Outokumpu-665931.aspx

Voss, Jens (2013), Ein historischer Tag: Der letzte Abstich im Krefelder Stahlwerk, In: RP, 07.12.2013

Wallbaum, Martin, Nicht für China: Die Henrichshütte Hattingen [online], 12.05.2016, http://www.industriedenkmal.de/huttenwerke/huttenwerke-im-ruhrgebiet/henrichshutte-hattingen/

Wallbaum, Martin, Die Wiege der Ruhrindustrie [online], 12.05.2016, http://www.industriedenkmal.de/huttenwerke/huttenwerke-im-ruhrgebiet/gutehoffnungshutte-elektrostrahlwerk-oberhausen/

Wallbaum, Martin, Vom Hörder Verein zu Hoesch, zu Krupp, zu Ende [online], 12.05.2016, http://www.industriedenkmal.de/huttenwerke/huttenwerke-im-ruhrgebiet/huttenwerk-phoenix-west/

Wallbaum, Martin, Leopold Hoesch und sein Werk [online], 12.05.2016, http://www.industriedenkmal.de/huttenwerke/huttenwerke-im-ruhrgebiet/westfalenhutte/

Wüstenfeld, Wilhelm (1961), Die Verkehrswege in und um Witten, In: Witten, Werden und Weg einer Stadt, Witten, Märkische Druckerei und Verlagsanstalt Aug. Pott.

Kahlert, Bettina; Ksimitow, Sophia; Lubda, Martin (2004), Der Mannesmann Konzern, Ein historischer Abriss [online], 12.05.16, http://homepage.ruhr-uni-bochum.de/martin.lubda/downloads/documents/mannesmann.pdf

Kilper, Heiderose; Latniak, Erich; Rehfeld, Dieter; Simonis, Georg (1994), Das Ruhr-gebiet im Umbruch, Strategien regionaler Verflechtung, Opladen, Leske + Budrich

Unbekannt, Industrie, Stahlwerke, nasse Hütten, In: Der Spiegel, 23.03.1970, Nr.13, S.70f

Unbekannt, Deutsche Edelstahlwerke [online], 12.05.2016, http://www.route-industriekultur.ruhr/themenrouten/12-geschichte-und-gegenwart-der-ruhr/edelstahlwerk-witten.html

Unbekannt, Die Stahlkrise der 1970er Jahre [online], 12.05.16, http://www.ruhrgebiet-regionalkun-de.de/aufstieg_und_rueckzug_der_montanindustrie/krise_des_montansektors/stahlkrise.php?p=3,2

Unbekannt, (2012) Vom Eierkarton zum Logistikpatent. Deutsche Edelstahlwerke und Rheinkraft beschreiten beim Transport neue Wege [online], 12.05.16, http://www.dew-stahl.com/presse-medi-en/pressematerial/fachbeitraege/detailseite/?no_cache=1&tx_sbagnews_pi1%5Buid%5D=1222&cHash=56a4fd92418004595be003f2cbbb5650

Unbekannt, Landschaftspark Duisburg-Nord [online], 12.05.16, http://www.route-industriekultur.ruhr/ankerpunkte/landschaftspark-duisburg-nord.html

Unbekannt, Henrichshütte Hattingen [online], 12.05.16, http://www.route-industriekultur.ruhr/ankerpunkte/henrichshuette/henrichshuette-seite-4.html

Unbekannt, Duisburg weiterhin größter EU-Stahlstandort [online], 12.05.16, http://www.stahl-online.de/index.php/duisburg-weiterhin-groesster-eu-stahlstandort/

Unbekannt, Eisen- und Stahlmetallurgie [online], 12.05.16, http://www.iehk.rwth-aachen.de/index.php?id=33

Unbekannt, Die Ruhrschifffahrt in früherer Zeit [online], 12.05.16, https://www.lwl.org/LWL/Kultur/Aufbruch/themen_start/oekonomie/tech_neu/dampfkraft/transport/mobil_dampf/dampfschiff/frueher/index2_html

[online] http://www.luftbilder.geoportal.ruhr/

[online] http://www.openstreetmap.de/karte.html

[online] http://www.ezm-mark.de/index.php?id=1231

DEW-Infobroschüren:

„Karrierewerkstatt" [online], 12.05.2016, http://www.dew-karrierewerkstatt.com/pdf_broschueren/karrierewerkstatt_imageprospekt.pdf

„Leistungsspektrum", Stadtarchiv Witten